Angelika Kipp

Das filigrane Jahr

Einteilige Fenster- und Wandbilder

frechverlag

Von der bekannten und beliebten Autorin Angelika Kipp sind im frechverlag zahlreiche andere Titel erschienen. Hier eine Auswahl:

TOPP 1854

TOPP 1832

TOPP 1921

TOPP 1780

TOPP 1919

TOPP 1855

Zeichnungen: Berthold Kipp

Fotos: frechverlag GmbH + Co. Druck KG, 70499 Stuttgart;
Fotostudio Ullrich & Co. Renningen

Auflage: 5. 4. 3. | Letzte Zahlen
Jahr: 2000 1999 98 97 96 | maßgebend

frechverlag GmbH + Co. Druck KG, 70499 Stuttgart

ISBN 3-7724-2072-9 · Best.-Nr. 2072

Druck: frechverlag GmbH + Co. Druck KG, 70499 Stuttgart

Das filigrane Jahr

Das filigrane Jahr –
das sind Frühlings-, Sommer-, Herbst- und Wintermotive, die aus einem Stück Karton gearbeitet werden.

Mal ist Tonkarton gefragt, mal machen sich auch Regenbogenfotokarton, Glanzkarton oder Alukarton besonders hübsch an Ihrem Fenster.

Dabei werden keine Einzelteile zusätzlich aufgeklebt, es werden keine Konturen aufgemalt …, einfach die komplette Vorlage auf den Karton übertragen und dann mit dem Cutter ausschneiden.

Fertig sind lustige Clowns, zarte Blumen, prächtiges Federvieh, edle Kränze, verspielte Kinderszenen und festliche Weihnachtsbilder.

Sie können alle Motive dieses Buches auch im passenden Rahmen als Wandbild aufhängen – das sind geschmackvolle Dekorationen für Ihre Wohnung und natürlich auch hübsche Mitbringsel!

Viel Spaß beim Basteln und ein schönes filigranes Jahr!

Angelika Kipp

Material, Tips & Tricks

- Tonkarton (in verschiedenen Farben erhältlich)
- Regenbogenfotokarton (300 g/m^2)
- Regenbogentonkarton
- Glanzkarton (in verschiedenen Farben erhältlich)
- Alukarton (in verschiedenen Farben erhältlich)
- Kleine spitze Schere
- Schneidemesser
- Schneideunterlage
- Weicher Bleistift (HB)
- Harter Bleistift (2H)
- Transparentpapier (Architekten- oder transparentes Skizzenpapier, auch in Rollen erhältlich)
- Weicher Radiergummi
- Lineal
- Lochzange
- Faden zum Aufhängen
- Nähnadel
- Klebeband

✔ Ausschneiden des Motivs

Für alle Motive dieses Buches verwenden Sie am besten ein Schneidemesser mit der entsprechenden Unterlage; so können selbst enge Schnittstellen mühelos gearbeitet werden.

✔ Das Aufhängen der Motive

Es gibt verschiedene Möglichkeiten, ein Fensterbild aufzuhängen. Sie können sich zwischen dem altbewährten Faden oder einem Klebeband entscheiden. Wenn Sie mit einem Faden arbeiten wollen, balancieren Sie das Motiv zwischen Daumen und Zeigefinger aus, bis Sie die richtige Stelle gefunden haben. Mit einer Nadel stechen Sie dann einige Millimeter vom Rand entfernt in den Karton und ziehen nun den Faden durch.

Je größer das Motiv ist, um so sinnvoller ist es, hier mit zwei Fäden zu arbeiten.

Schritt für Schritt erklärt

1. Legen Sie Transparentpapier auf das ausgewählte Motiv vom Vorlagenbogen; am besten fixieren Sie es mit einem kleinen Klebestreifen, damit es nicht verrutscht. Zeichnen Sie nun alle Linien des Motivs mit einem weichen, aber spitzen Bleistift auf dem Transparentpapier nach.

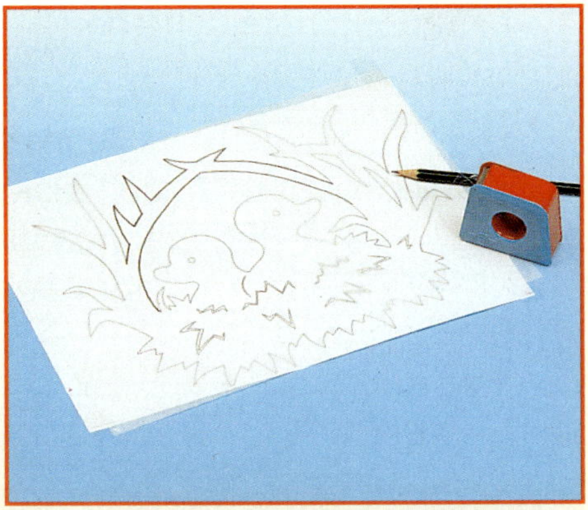

2. Lösen Sie anschließend das Transparentpapier vom Vorlagenbogen, wenden Sie es, und legen Sie es auf den ausgewählten Bastelkarton. Nun zeichnen Sie mit einem harten spitzen Bleistift die Linien nochmals **kräftig** nach. Bei diesem Arbeitsgang wird der zuerst gezeichnete Bleistiftstrich von der Rückseite des Transparentpapiers auf den Bastelkarton übertragen.

3. Nun können Sie das Motiv mit einem Schneidemesser ausschneiden; eventuell vorhandene Bleistiftstriche entfernen Sie mit einem weichen Radiergummi.

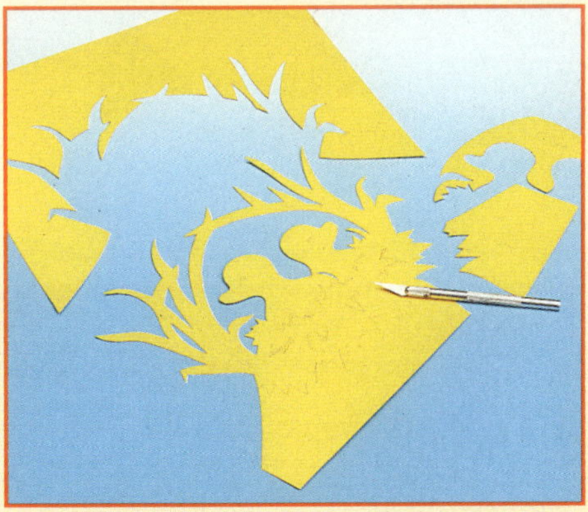

Eiskalte Männer

Schneemänner –
heißgeliebt und doch eiskalt! Aus Tonkarton gearbeitet,
fegen Ihnen diese drei Gesellen
Ihr Fenster frei …!

Hex, Hex

Bald ist Walpurgisnacht!
Schneiden Sie die Hexe mit ihrem Besen aus Tonkarton aus,
damit sie noch pünktlich zum Blocksberg kommt.

Hallo, Du!

Aus Regenbogenfotokarton geschnitten,
wird die Sache hier ganz schön bunt!

Ein schöner Tag

Ein aus gelbem Glanzkarton gearbeiteter Clown
macht den Tag einfach schön.

Frühlingsanfang

Mit dieser Tulpenwiese, die aus einem Bogen Regenbogenfotokarton geschnitten wird, können Sie im Frühjahr Ihr Heim schmücken.

Ein neuer Erdenbürger

Hier fühlt sich das Baby sicher wohl!
Das Motiv wird aus Regenbogentonkarton,
der sich durch wunderschöne Farbverläufe auszeichnet,
gearbeitet.

Familie Hahn

Der Hahn mit seiner ganzen Federpracht und seine treue Begleiterin sind aus gelbem Tonkarton hergestellt. Ob sie wohl bald ein Nest bauen?

Ostereier-Suche

Hier hat der Osterhase einen riesigen
Tonkarton-Eierkorb abgestellt!

Wo bleibt Mama „Watschel"?

Schneiden Sie das Nest samt
Entenküken und Schilf
aus Glanzkarton aus.
Und wo bleibt jetzt die Mama?

Mäh, mäh!

Diese wolligen Schmusetiere wirken
besonders hübsch,
wenn sie aus weißem Tonkarton
gearbeitet sind.

Einfach bärig!

Das Bärenpaar,
das aus Tonkarton geschnitten wird,
ist in jedem Kinderzimmer
ein gerngesehener Gast.

Ein edler Kranz

Dieser Kranz wird mit all' seinen Blüten, Blättern und Bändern aus einem Bogen Alukarton geschnitten.

Mein kleiner Harlekin

Schön bunt ist dieser
Regenbogentonkarton-Clown anzusehen!

Ein flotter Reitersmann

Damit der kleine Mann auf seinem Lieblingspferd reiten kann, brauchen Sie nur einen Bogen Tonkarton und Ihr Schneidemesser.

Galopp

Dieses wilde Pferdchen wird mit Tonkarton gebändigt.

Ein Blumenstrauß für Mutti

Damit der Junge seiner Mutter den Blumenstrauß bringen kann, schneiden Sie ihn samt Umgebung aus Tonkarton aus.

Hoppe, hoppe, Reiter

Hier ist Tonkarton gefragt!

Lisa und ihr Puppenwagen

Damit die kleine Lisa
ihre Puppe im
Puppenwagen spazierenfahren kann,
brauchen Sie einen
Bogen Tonkarton.

Safari

Trompetende Elefanten,
die aus Regenbogentonkarton geschnitten sind,
kommen auch gern zu
Ihnen nach Hause.

Fliegt mir nicht davon

Das Motiv wird aus Glanzkarton hergestellt –
und hoffentlich pustet der Herbstwind
nicht die Luftballons davon!

Barfuß durch die Pfützen

Selbst vom Regen läßt sich dieser kleine Regenbogenton-karton-Teddy nicht von seinem Spaziergang abhalten.

Eine starke Brise

Wenn auch an Ihrem Fenster
die Drachen steigen sollen,
brauchen Sie einen
Bogen Tonkarton.

Erster Advent

Aus Alukarton ist dieses weihnachtliche Motiv geschnitten.
Einfach festlich!

Morgen kommt der Weihnachtsmann

Bald ist es soweit:
Der Weihnachtsmann hat seinen Sack schon voll beladen,
und damit er auch zu Ihnen kommen kann,
schneiden Sie ihn aus Alukarton aus.

Drei kleine Engel

Weihnachts-
vorbereitungen

Welchem Kind wird der Tonkarton-Engel das Spielzeug wohl unter den Weihnachtsbaum stellen?

Eine Schlittschuhpartie

Besonderen Spaß macht
das Schlittschuhlaufen zu zweit
auf Tonkarton ...!